공기야 도와줘

안녕, 친구들. 나는 공기랍니다.
뭐라고요? 내가 보이지 않는다고요?

맞아요.
하지만 나는 언제나 친구들 곁에 있어요.

내가 있어야 친구들이 숨을 쉴 수 있어요.
위에도
아래에도

집 안에도

교실에도
놀이터에도 나는 있어요.

나는 친구들에게 도움을 주기도 하지요.
추운 겨울날, 따뜻하게 보낼 수 있도록 말이에요.
내가 있어야 불이 활활 타오를 수 있어요.
산소*가 있어야 물질이 연소*할 수 있거든요.

———
* 산소 는 공기의 주성분으로 다른 물질이 잘 타도록 도와요.
* 연소 는 탈 물질이 공기 중의 산소와 빠르게 반응하여 열과 빛을 내며 타는 현상

그런데 나 혼자서 힘들어요.
자, 나를 따라오세요.
소개해 줄 친구들이 있어요.

안녕, 친구야. 얘는 모닥불이에요.
모닥불 덕분에 따듯해진 내가
길을 지나고
또 길을 지나

추운 겨울,
방 안은 따뜻해져요.

와, 시원해요.
이렇게 방 안에서 머무르다 다시 밖으로 나와요.
눈에 보이지는 않지만 공기는 항상 함께 있어요.

볼 수도 만질 수도 없지만
우리 주변에 가득 차 있는 공기.
우리에게 꼭 필요한 소중한 공기예요.
공기야, 고마워.

'발화점'이란 물질에 불이 붙기 시작하는 가장 낮은 온도를 말해요.

 연소란?

'연소'는 물질이 많은 열과 빛을 내며 타는 현상이에요.
연소를 위해서는 세 가지 조건이 필요해요.

- **첫째** 탈 물질이 있어야 해요.
- **둘째** 산소가 있어야 해요. 산소는 다른 물질이 잘 타도록 도와주는 역할을 해요.
- **셋째** 발화점에 도달해야 해요.

이들 세 가지 조건 중 한 개라도 갖추면 불이 꺼지게 돼요.

 소화란?

'소화'는 불이 꺼지는 것을 말해요.
소화에도 세 가지 조건이 있어요.

- **첫째** 초가 다 타면 꺼지는 것처럼 탈 물질이 없어야 해요.
- **둘째** 산소의 접근을 막아야 해요.
- **셋째** 발화점 아래로 온도를 낮추면 불이 꺼지지요
  (물질이 불에 타기 시작하는 온도를 '발화점'이라고 해요.)
  물을 부으면 불이 꺼지는 것도 이 때문이에요.

소화의 여러 가지 방법

소화기를 이용해서 발화점 이하로 온도를 낮춰요.

가스레인지 밸브를 잠가서 탈 물질을 없애요.

알코올 램프의 뚜껑을 닫아서 산소를 없애요.

호기심 누리과학 시리즈

누리과정 1. 호기심 가지기

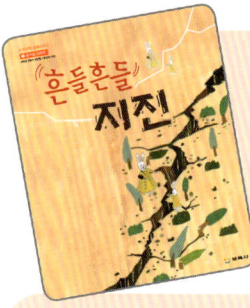

4학년 2학기 4단원 화산과 지진

흔들흔들 지진

단어카드 1종, 화보 1종, 워크지 2종(1,2수준), 이야기나누기자료 1종, 지침서

6학년 1학기 1단원 지구와 달의 운동

빙글빙글 도는 지구

단어카드 1종, 화보 1종, 워크지 2종(1,2수준), 이야기나누기자료 1종, 지침서

5학년 2학기 1단원 날씨와 우리생활

구름은 어떻게 만들어지는 걸까?

단어카드 1종, 화보 1종, 워크지 2종(1,2수준), 이야기나누기자료 1종, 지침서

누리과정 2. 물체와 물질 알아보기

3학년 2학기 4단원 소리의 성질

소리가 떨려요

단어카드 1종, 화보 1종, 워크지 2종(1,2수준), 이야기나누기자료 1종, 지침서

6학년 2학기 4단원 연소와 소화

공기야 도와줘

단어카드 1종, 화보 1종, 워크지 2종(1,2수준), 이야기나누기자료 1종, 지침서

4학년 2학기 2단원 물의 상태 변화

우리는 삼총사

단어카드 1종, 화보 1종, 워크지 2종(1,2수준), 이야기나누기자료 1종, 지침서

누리과정 3. 생명체와 자연환경 알아보기

4학년 2학기 1단원 동물의 생활

나는 바다의 수영선수

단어카드 1종, 화보 1종, 워크지 2종(1,2수준), 이야기나누기자료 1종, 지침서

4학년 1학기 3단원 식물의 한살이

내 씨를 부탁해!

단어카드 1종, 화보 1종, 워크지 2종(1,2수준), 이야기나누기자료 1종, 지침서

3학년 1학기 3단원 동물의 한살이

겨울을 준비해요

단어카드 1종, 화보 1종, 워크지 2종(1,2수준), 이야기나누기자료 1종, 지침서